U0163376

Original title: Rouge volcan
Author: Eric Batut

版权贸易合同登记号　图字：01-2023-1150

图书在版编目（CIP）数据
地球调色盘系列绘本. 红色火山 /（法）艾瑞克·巴图著、绘；邢培健译. --北京：电子工业出版社，2023.6
ISBN 978-7-121-45441-7

Ⅰ.①地…　Ⅱ.①艾…　②邢…　Ⅲ.①地球－少儿读物　②火山－少儿读物　Ⅳ.①P183-49　②P317-49

中国国家版本馆CIP数据核字（2023）第071099号

责任编辑：董子晔
印　　刷：北京盛通印刷股份有限公司
装　　订：北京盛通印刷股份有限公司
出版发行：电子工业出版社
　　　　　北京市海淀区万寿路173信箱　邮编：100036
开　　本：889×1194　1/16　　印张：10　　字数：34.5千字
版　　次：2023年6月第1版
印　　次：2023年6月第1次印刷
定　　价：120.00元（全5册）

凡所购买电子工业出版社图书有缺损问题，请向购买书店调换。若书店售缺，请与本社发行部联系，联系及邮购电话：（010）88254888，88258888。

质量投诉请发邮件至zlts@phei.com.cn，盗版侵权举报请发邮件至dbqq@phei.com.cn。

本书咨询联系方式：（010）88254161转1865，dongzy@phei.com.cn。

红色火山

[法] 艾瑞克・巴图 著/绘　邢培健 译

電子工業出版社
Publishing House of Electronics Industry
北京・BEIJING

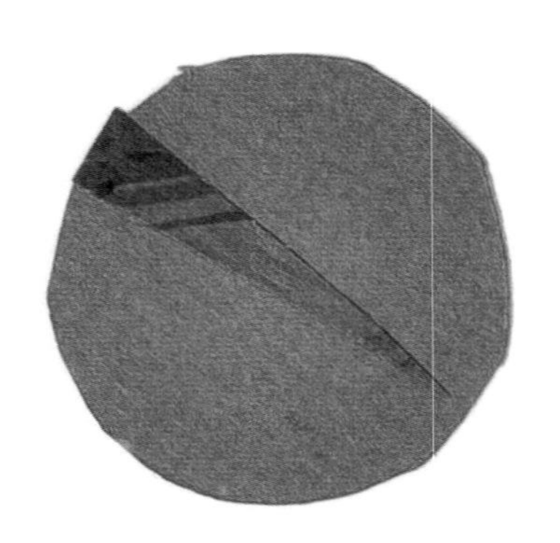

在大海的中央，有一座仿佛被遗失在这里的**孤岛**。

它是一座**火山**，且似乎正在**苏醒**。

浓烟形成的穹顶笼罩在它的山峰之上。

几位身穿防护服的火山学家坐着小船向它靠近。

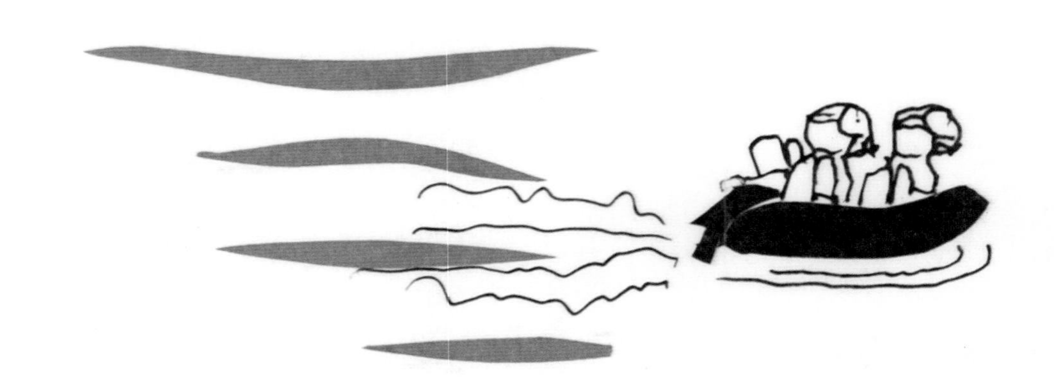

火山学家们把船停靠在火山脚下。

地面上满是**浮石**、**岩渣**

和很久以前火山爆发时留下的**痕迹**。

火山学家们开始**往火山上爬**。

山坡上散落着依然炙热的火山弹。

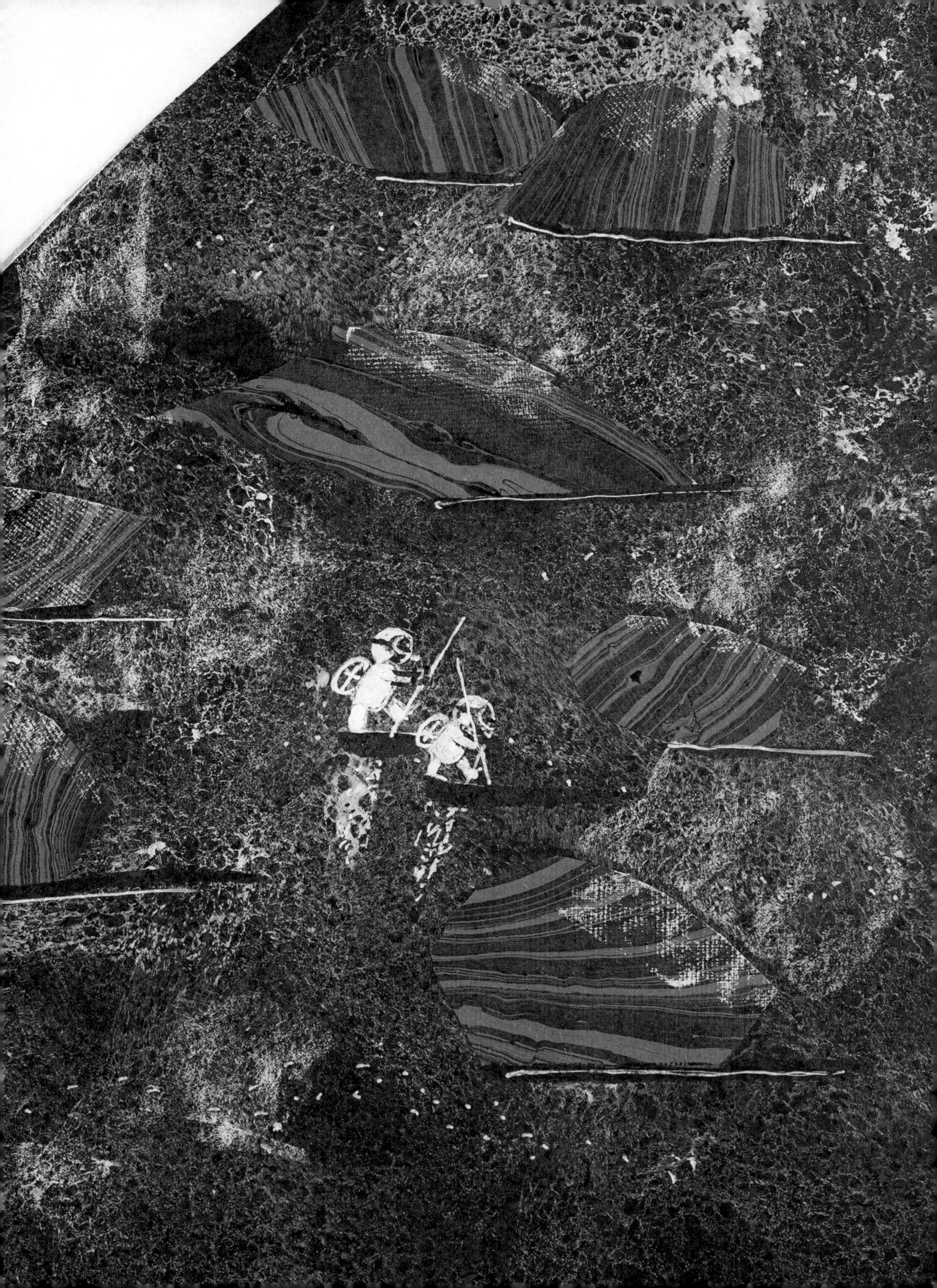

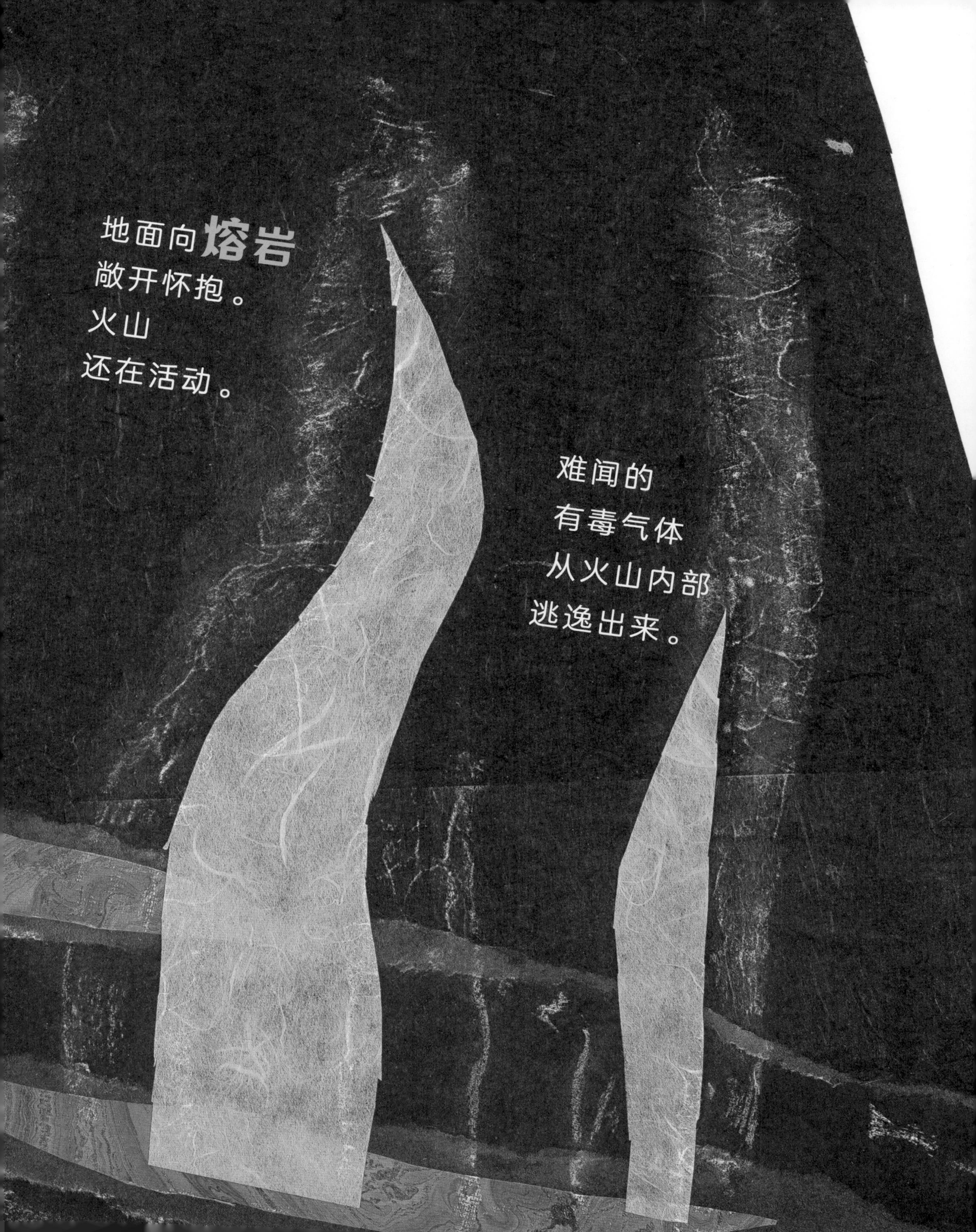

地面向**熔岩**
敞开怀抱。
火山
还在活动。

难闻的
有毒气体
从火山内部
逃逸出来。

熔岩滚滚
流向海边。
火山学家们站在
被火山灰覆盖的
黑色岩石上，
目睹着
这一奇观。

火山学家们走近一条巨大的**熔岩流**。

前面有一座小房子。

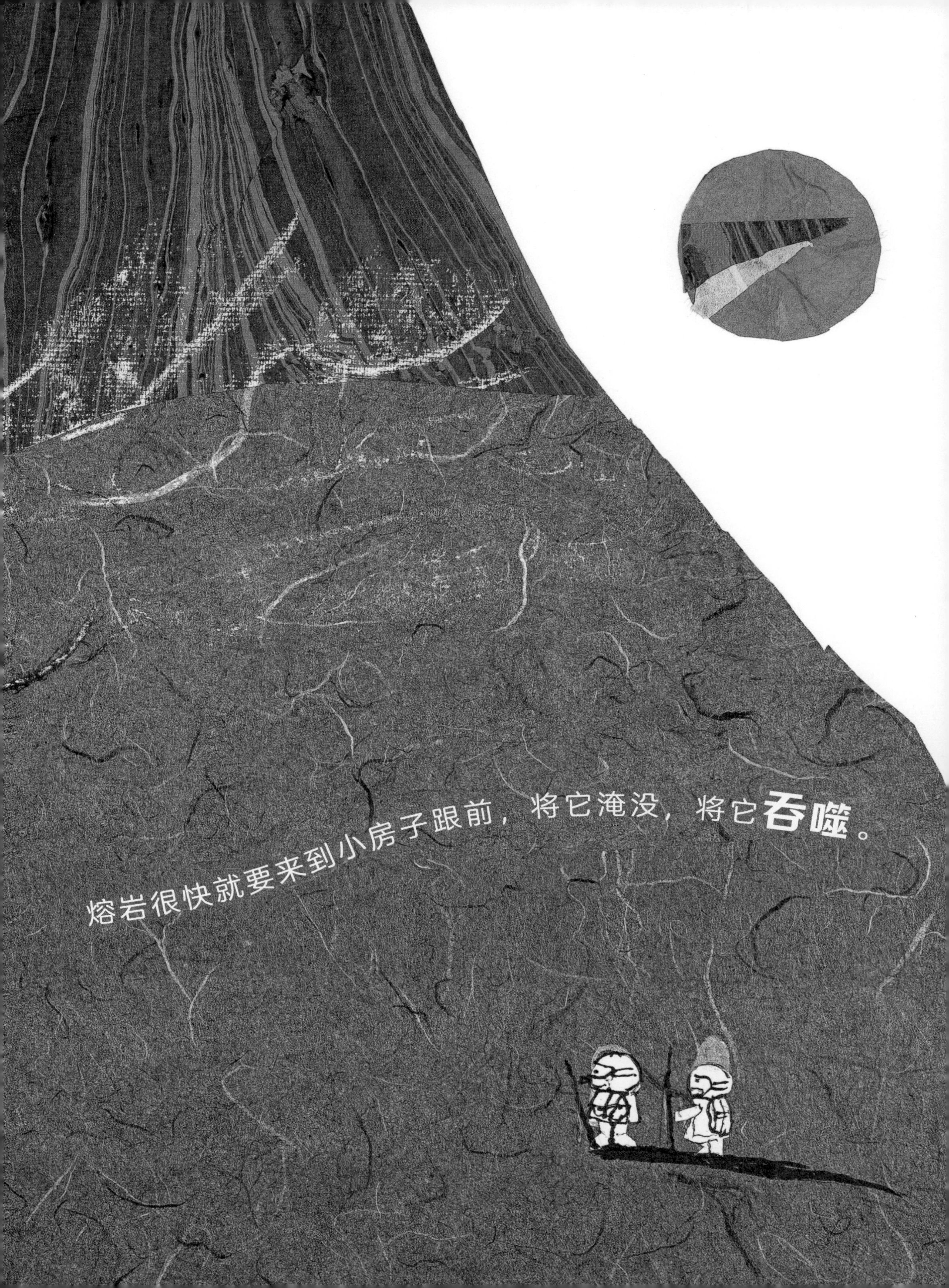

熔岩很快就要来到小房子跟前，将它淹没，将它**吞噬**。

火山学家们还有任务
要完成。
他们开始测量熔岩的
密度、
速度
和温度。

大地在颤抖。

眼前裂开了一道深深的断层。

尽管如此，火山学家们还是朝着火山口，

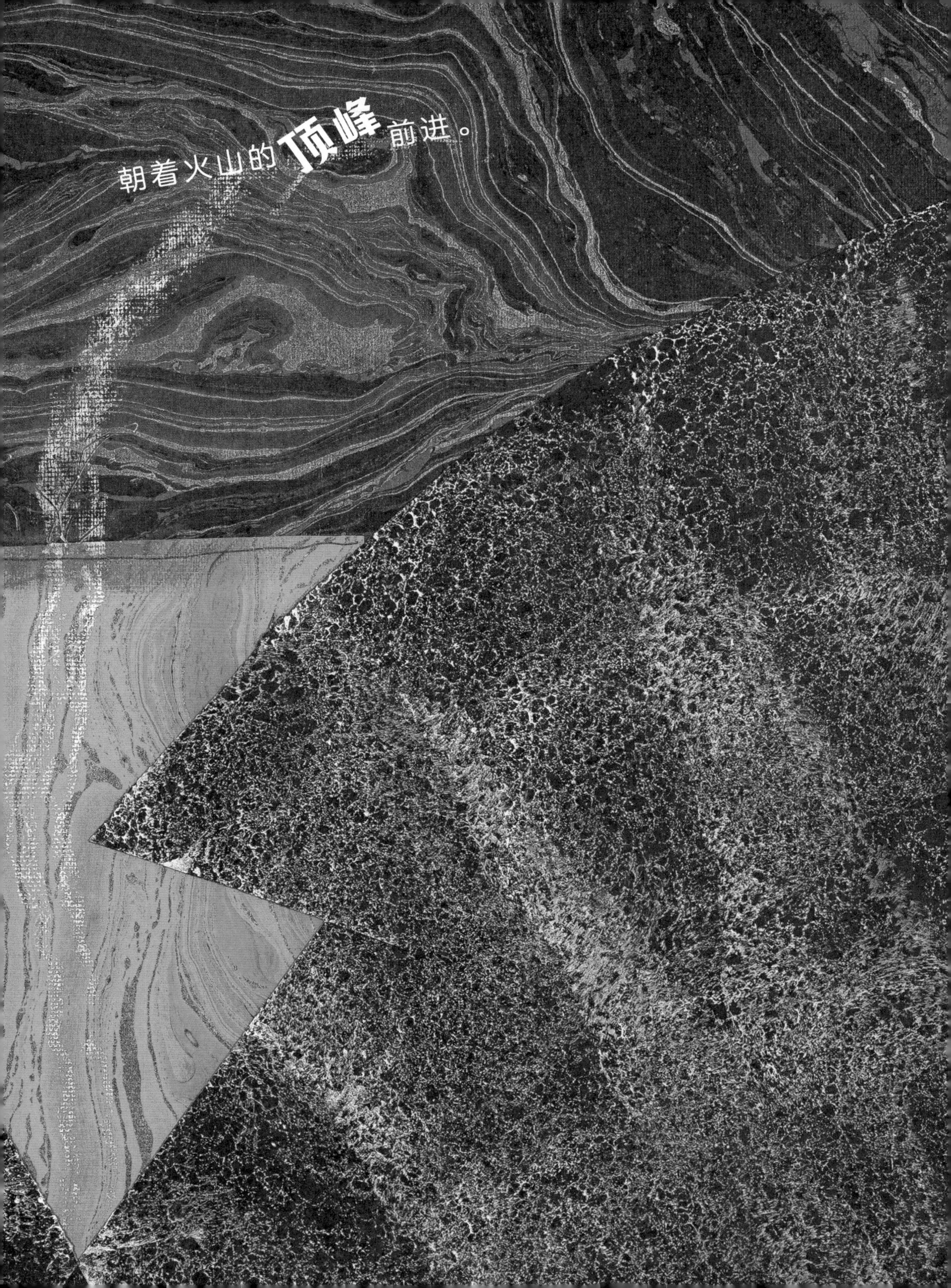
朝着火山的顶峰前进。

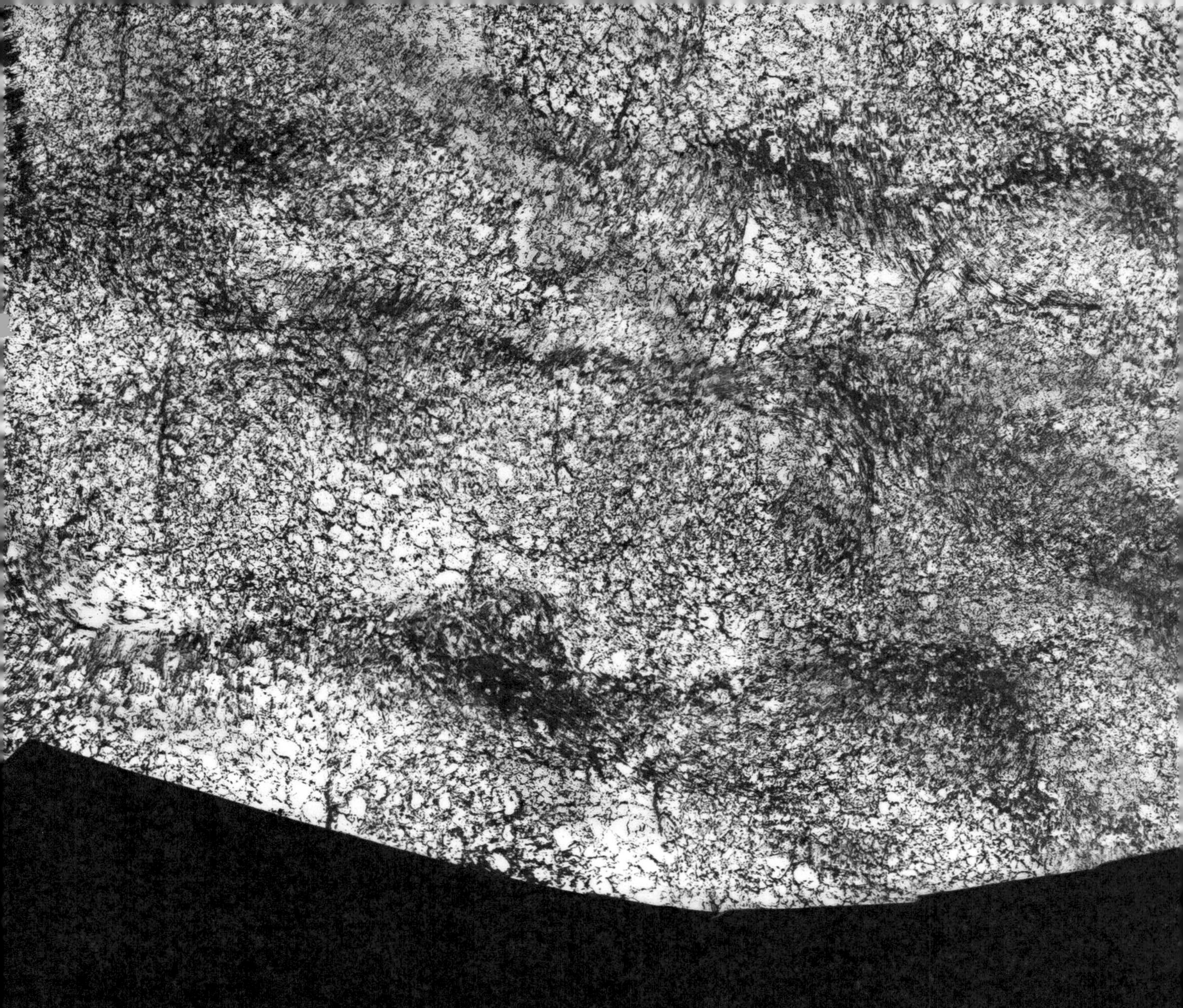

大山**发怒**了。

一股浓浓的黑烟

直喷向天空，又很快回落。

太阳消失了，仿佛黑夜已经降临。

大山疯狂地发泄着怒火。
熔岩从火山口喷涌而出。
火山学家们已不可能再向前。

他们必须赶快下山。

大山在**燃烧**。

熔岩像河流一样奔向波涛汹涌、沸腾翻滚的大海。

火山学家们完成了任务，

可以离开了。

此时火山喷发到达了顶点。
大山已是一片通红，
连天和海都被染红了。
火山学家们的小船
疾驶而去。
一切都变成了红色。**红色的火山**。